停不下来的
数学思维游戏

●神奇凑 10 游戏●

[日]稻叶直贵　著

杜雪　译

中信出版集团 | 北京

图书在版编目（CIP）数据

停不下来的数学思维游戏.神奇凑 10 游戏/（日）稻
叶直贵著；杜雪译 . -- 北京：中信出版社，2022.3

ISBN 978-7-5217-3864-3

. Ⅰ .①停… Ⅱ .①稻…②杜… Ⅲ .①数学—少儿读
物 Ⅳ .① O1-49

中国版本图书馆 CIP 数据核字 (2021) 第 270813 号

停不下来的数学思维游戏·神奇凑10 游戏

著　　者：〔日〕稻叶直贵
译　　者：杜雪
出版发行：中信出版集团股份有限公司
　　　　　（北京市朝阳区惠新东街甲4号富盛大厦2座　邮编　100029）
承　印　者：北京启航东方印刷有限公司

开　　本：787mm×1092mm　1/16　　　印　　张：2.25　　　字　　数：30千字
版　　次：2022年3月第1版　　　　　　印　　次：2022年3月第1次印刷
京权图字：01-2021-7087
书　　号：ISBN 978-7-5217-3864-3
定　　价：118.00元（全6册）

出　　品：中信儿童书店
图书策划：橡果童书　　　　　　策划编辑：常青　于淼　　　　责任编辑：孙婧媛
营销编辑：张琛　　　　　　　　装帧设计：李然　　　　　　　内文排版：李艳芝

请将网格图划分成多个框，使每个框内数的和为10，
且每个数只能被框在1个框内。如下图中实线框所示。

例题

7	3	6	9
5	8	4	1
1	2	7	2
4	6	4	1

7	3	6	9
5	8	4	1
1	2	7	2
4	6	4	1

每个题目只有一个答案。

1	2	3	4	5	6
3	5	1	2	3	4
6	2	9	3	7	2
4	5	1	5	4	6
2	1	4	2	1	2
1	5	2	8	2	7

1	2	3	4	5	6
3	5	1	2	3	4
6	2	9	3	7	2
4	5	1	5	4	6
2	1	4	2	1	2
1	5	2	8	2	7

每个框内的数可以重复。
例如，2＋6＋2或2＋1＋5＋2。

这是错误的，
因为有些框内数的和不是10。

6	5	4
4	1	3
2	8	7

2	4	2	6	2	3	5
4	3	4	3	5	2	4
3	2	1	1	1	4	3
5	7	1	1	1	2	7
3	2	1	1	1	8	2
2	7	8	9	3	6	3
5	3	2	5	2	4	5

7	2	1	4	1	7	2	8
2	3	6	1	2	4	1	1
5	1	5	5	5	5	2	7
3	4	5	5	5	5	4	1
2	1	5	5	5	5	2	8
6	3	5	5	5	5	3	1
3	1	2	3	4	2	1	2
1	5	3	2	5	1	3	7

7	3	6	5
4	8	4	5
1	2	3	4
5	9	1	3

5	4	1	5	3
6	1	9	1	2
7	3	1	4	1
1	4	5	2	6
2	8	2	4	3

1	4	3	2	1	1	7
5	9	1	9	2	2	1
2	1	2	1	4	2	1
2	3	4	9	3	1	3
1	1	5	3	2	7	4
5	7	1	2	8	2	1
1	4	3	2	1	2	2

9	2	1	4
1	7	3	2
6	4	1	8
3	2	5	2

2	7	2	1	4
3	2	1	2	6
6	1	5	2	2
3	2	1	4	3
7	3	9	1	1

3	7	5	1	8	2	4
1	4	6	4	2	3	6
5	1	9	1	3	6	4
7	3	4	6	2	1	2
3	7	5	2	1	9	1
2	3	2	8	5	3	6
6	2	3	1	4	2	5

7	3	6	9
5	8	4	1
1	2	7	2
4	6	4	1

4	3	4	6	1
7	1	2	1	9
3	8	6	3	2
1	2	4	2	8
9	1	5	3	5

3	1	5	2	4	2	6
1	9	1	3	2	8	2
5	1	3	4	1	2	3
1	2	1	2	3	5	2
2	4	2	1	6	3	1
4	6	4	9	3	7	3
5	4	1	3	1	3	4

9	1	2	9
1	3	7	1
1	7	2	8
8	1	9	1

9	2	1	2	8
1	4	3	7	3
3	2	1	4	6
5	1	3	2	1
6	3	2	4	7

7	3	2	3	4	1	7
3	1	7	2	1	2	3
6	4	5	4	2	7	2
1	3	2	7	4	1	8
2	7	1	6	1	3	2
3	5	9	3	7	2	1
7	3	1	4	1	3	7

2	5	1	2
4	3	2	1
5	2	1	2
6	1	2	1

3	3	4	5	8	1
4	7	1	5	6	1
6	3	9	2	4	3
5	1	4	8	6	2
4	2	3	7	4	5
4	3	2	1	2	2

1	9	1	5	7	3	7
4	5	4	1	4	1	3
6	7	3	7	1	5	6
5	2	1	2	3	1	3
1	3	2	8	1	4	8
5	2	7	1	4	1	2
4	1	9	4	6	3	7

1	8	1	2
9	3	4	5
1	2	1	3
7	3	4	6

1	2	3	4	5	6
3	5	1	2	3	4
6	2	9	3	7	2
4	5	1	5	4	6
2	1	4	2	1	2
1	5	2	8	2	7

3	2	4	1	4	3	2
2	4	2	1	3	2	8
4	2	8	1	2	5	2
1	1	1	1	1	1	1
6	7	2	1	9	2	3
5	3	4	1	5	3	4
2	4	6	1	3	5	2

2	3	2	1
1	4	1	6
1	5	2	5
1	3	1	2

9	1	3	1	4	8
2	3	2	3	7	2
1	2	3	1	4	1
5	4	5	5	3	4
7	2	1	3	2	3
6	4	3	4	5	7

1	1	1	1	1	1	1	1
1	6	2	4	2	5	6	1
1	2	7	9	3	2	8	1
1	4	3	1	1	3	5	1
1	2	2	1	1	4	6	1
1	3	8	4	5	3	2	1
1	8	6	7	2	6	9	1
1	1	1	1	1	1	1	1

6	4	4	4
4	2	5	3
4	2	5	3
4	2	5	3

5	6	1	5	4	6
4	1	3	4	2	9
3	7	9	1	3	1
2	8	1	4	1	2
3	4	3	1	2	8
8	2	6	3	1	7

3	4	2	6	7	2	1	4
1	5	5	3	1	5	5	1
2	5	5	4	2	5	5	4
7	3	1	5	5	2	1	2
3	1	4	5	5	1	2	6
4	5	5	1	2	5	5	4
1	5	5	2	3	5	5	1
3	4	2	8	1	4	1	9

1	1	4	4
1	3	4	4
1	3	3	3
2	2	2	2

9	2	1	4	3	8
1	8	6	1	9	2
3	2	4	3	4	3
2	1	2	8	1	4
4	2	5	3	7	5
7	3	1	2	4	6

7	3	6	5	2	3	2	1
4	1	3	4	3	2	1	6
2	5	2	3	5	1	5	2
3	1	7	2	3	4	1	5
2	7	3	1	4	3	7	3
1	3	2	6	3	2	3	2
9	1	4	2	4	1	2	4
1	8	2	8	3	2	1	2

2	2	5	4
2	2	2	3
4	4	3	3
4	4	3	3

7	6	4	1	3	6
3	5	9	5	2	1
8	2	1	3	1	2
2	3	8	2	3	7
4	6	7	3	6	2
9	1	5	4	1	8

1	2	2	2	2	2	2	4
2	2	2	2	2	6	2	2
2	2	2	1	7	2	1	2
2	2	2	2	2	2	7	2
5	2	2	8	2	2	2	2
2	3	2	2	2	1	1	5
2	2	2	2	2	1	2	2
2	1	1	3	2	2	2	2

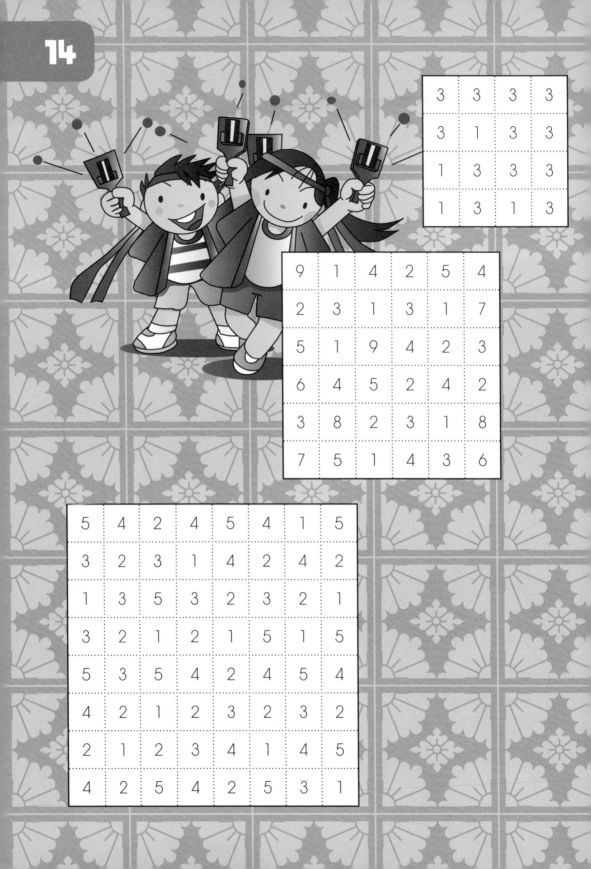

3	3	3	3
3	1	3	3
1	3	3	3
1	3	1	3

9	1	4	2	5	4
2	3	1	3	1	7
5	1	9	4	2	3
6	4	5	2	4	2
3	8	2	3	1	8
7	5	1	4	3	6

5	4	2	4	5	4	1	5
3	2	3	1	4	2	4	2
1	3	5	3	2	3	2	1
3	2	1	2	1	5	1	5
5	3	5	4	2	4	5	4
4	2	1	2	3	2	3	2
2	1	2	3	4	1	4	5
4	2	5	4	2	5	3	1

5	1	5	1
5	1	5	1
1	5	1	1
1	5	1	1

6	4	2	1	3	7
4	3	1	4	2	3
7	4	5	5	4	6
2	3	5	5	2	1
1	2	1	3	1	2
9	1	6	5	2	8

3	2	3	7	2	1	3	1
5	1	1	3	1	2	2	8
6	1	1	2	3	2	2	1
3	4	2	5	5	3	1	9
7	2	1	5	5	2	8	1
5	3	3	2	3	4	4	6
2	3	3	6	1	4	4	1
5	8	2	4	3	2	1	5

16

1	1	1	1	1	1	1		1
1	1	1	1	1	1	1		1
1	1	7	9	8	5	8		1
1	1	8	4	5	6	2	1	1
1	1	5	6	1	4	6		1
1	1	6	4	2	5	2	1	1
1	1	3	2	7	6	3	1	1
1	1	1	1	1	1	1	1	1
1	1	1	1	1	1	1	1	1

1	1	8	8	1	1	6	6	1	1
1	1	8	8	1	1	6	6	1	1
9	9	1	1	2	2	1	1	3	3
9	9	1	1	2	2	1	1	3	3
1	1	5	5	1	1	7	7	1	1
1	1	5	5	1	1	7	7	1	1
5	5	1	1	2	2	1	1	10	10
5	5	1	1	2	2	1	1	10	10
1	1	3	3	1	1	2	2	1	1
1	1	3	3	1	1	2	2	1	1

5	2	4	5	8	6	5	7	3
6	1	1	1	1	1	1	1	2
2	1	1	1	1	1	1	1	9
4	1	1	1	1	1	1	1	7
2	1	1	1	1	1	1	1	2
8	1	1	1	1	1	1	1	7
4	1	1	1	1	1	1	1	4
7	1	1	1	1	1	1	1	2
3	4	3	2	5	8	7	5	3

1	1	1	3	3	1	3	1	3	1
3	3	1	3	3	3	3	3	3	1
3	3	3	3	3	3	1	3	3	3
3	3	3	3	3	3	3	3	1	1
1	3	1	3	1	1	3	3	3	3
1	3	3	3	1	1	3	3	3	3
3	1	3	3	3	3	3	1	3	3
3	3	3	1	3	3	3	3	3	1
1	3	3	3	3	3	3	1	3	3
3	3	3	1	3	3	3	3	3	3

2	5	3	2	5	3	2	1	1
3	2	8	2	1	5	4	2	1
5	8	1	1	8	2	1	1	3
2	1	2	1	9	3	4	6	2
3	2	3	9	3	4	1	4	5
5	7	4	1	5	2	9	2	3
2	3	7	9	1	9	1	4	2
3	1	3	6	4	6	4	6	5
5	2	3	5	2	3	5	2	3

8	3	5		1	2	3	1			7
	2	4	1	3		8	2	1		4
4	3		3	1	2	1			4	5
2	1	7	5		1	9	1		3	
5		3	4	3	4		2	6		3
2	3	5		2	1	2	1			7
	1	2	4	1		6	2	3		2
2	8		2	4	2	3			4	9
8	2	4	1		3	7	2	1		
4		7	3	2	1			5	3	2

9	1	8	1	2	5	2	1	9
2	7	1	3	6	1	3	8	1
1	4	5	1	2	3	6	2	3
9	1	2	4	3	2	1	4	2
4	2	4	1	9	1	9	1	6
7	1	2	3	2	7	1	2	1
3	4	1	2	3	1	4	3	4
5	6	4	5	1	2	3	1	2
2	1	2	3	2	4	1	9	4

1		2		6	4	4	6
		2		8	4	8	4
4	8	2		4	2		
			2	8	2	4	2
2	2	2	4	4			
			4	4	2	4	6
2	2	2	8		10		
		6		2	6	10	4
2	10		4		2	2	
2	2		4		6	2	1

2	9	1	2	3	2	3	7	2
1	1	7	3	1	3	1	3	1
8	1	1	5	4	2	5	2	3
2	6	1	1	3	1	9	1	4
1	3	4	1	1	7	3	5	3
3	2	5	2	4	3	2	6	2
1	4	1	3	1	9	4	2	1
5	7	3	5	2	1	4	2	8
2	3	1	2	8	2	7	3	1

1	6	3	1	3	1	6	4	5	1
3									2
6		3	1	4	7	6	2		8
5		7					3		1
2		2		9	9		4		3
1		1		9	9		1		7
3		5					7		1
6		2	1	3	7	3	5		6
3									4
4	5	1	8	4	7	2	1	4	2

3	2	10	2	4	2	5	4	1
6	4	1	3	2	1	4	1	9
1	3	10	5	10	2	10	2	10
4	2	1	3	1	4	2	3	5
5	3	10	2	7	1	10	5	5
2	1	3	4	3	2	4	1	4
10	2	10	2	10	3	10	2	3
1	8	2	4	3	1	5	3	1
9	1	7	3	6	4	10	4	2

6	2			8	6		3	2
3	1			2	5		6	9
		1	5		3	5		
		2	9		2	3		
1	7			4	1		3	1
5	4			1	1		2	1
		3	6		1	1		
		2	5		7	5		
2	1			3	2		3	5
3	6			4	1		2	4

1	10	7	10	2	10	8	10	1
2	6	1	2	1	3	2	1	9
10	1	2	3	4	1	5	3	10
4	2	8	1	3	2	1	5	2
10	4	1	3	2	6	2	4	10
5	1	3	1	4	2	4	3	7
10	5	2	3	5	4	9	1	10
2	4	1	2	7	3	1	7	2
1	10	2	10	1	10	2	10	1

	6	9	2	3	8	3	4	5
	1	4	1	6	3	7	1	6
	2	1	3	2	8	2	3	5
	1	4	5			3	2	1
	9	1	3			2	1	2
	1	2	1	2	1	6	4	3
	8	3	4	5	3	1	3	4
	10	2	1	3	1	2	4	7

6	1	3	7	2	1	2	3	1
5	10	4	10	1	10	5	10	3
2	3	2	8	2	3	2	4	1
4	10	4	10	3	10	1	10	5
5	1	9	1	2	1	8	1	2
1	10	1	10	4	10	2	10	3
7	2	3	6	2	4	6	3	2
3	10	1	10	4	10	2	10	1
7	3	6	3	5	2	8	2	9

			6						
	6	5		7				4	
						3		6	
	5		5		5				
		4							3
	5			4					6
	6			4					
				6		5			
	7		4						5
6			5				4		4

24

2	10	2	10	2	2	2	2	2
2	2	2	2	10	2	2	10	2
10	2	10	2	2	2	2	2	10
2	2	2	2	10	2	2	10	2
10	2	2	10	2	2	2	2	2
2	2	2	2	2	10	2	2	10
2	10	2	10	2	2	2	10	2
10	2	2	2	10	2	2	2	2
2	2	10	2	2	2	10	2	10

2	8	2	5	6	4	1	5	2	3
7		3		4	6		4		6
3	2	1	4	1	3	8	2	3	1
2		8		3	2		1		3
4	2	3	2	9	1	3	2	4	6
1	6	2	5	4	7	2	6	3	4
4		1		3	2		3		1
1	3	2	6	2	3	1	8	1	5
5		4		1	2		2		6
4	3	2	1	4	5	4	3	4	3

6	5	5	4	6	3	7	1	9
4	2	8	1	3	7	2	9	4
3	7	2	9	5	5	8	1	6
8	2	8	2	8	4	1	9	3
1	7	4	6	10	6	4	5	7
9	3	7	2	8	4	6	5	2
1	9	3	6	5	6	5	1	8
5	5	7	4	5	7	5	9	1
4	6	3	9	1	3	6	4	9

								8
	6							
				7				
			9					
1	2	3	4					

5	4	2	4	3	1	3	1	2
3	10	3	10	2	10	2	10	1
2	3	1	3	5	2	8	2	5
4	10	4	10	1	10	2	10	3
1	5	2	1	9	1	7	1	2
5	10	3	10	1	10	1	10	4
2	3	7	3	4	6	3	1	2
1	10	3	10	5	10	1	10	3
2	7	2	1	4	6	2	1	7

2	4	1	4	3	4	3	2	2	3
3	5	5	1	2	1	2	8	8	2
1	5	5	4	3	3	2	8	8	1
4	3	2	3	1	1	4	2	1	4
2	4	3	1	9	9	1	3	4	2
2	3	3	1	9	9	1	2	4	3
1	3	1	2	1	1	3	1	3	1
3	6	6	3	2	2	1	7	7	2
4	6	6	1	3	4	3	7	7	3
1	3	4	3	3	4	2	1	3	1

6	3	2	1	3	1	3	4	5
7	1	3	5	4	2	8	1	6
1	2	4	2	1	3	1	9	3
3	8	2	1	3	7	3	6	1
4	5	3	4	2	1	6	1	3
3	4	2	3	1	7	3	2	8
1	5	6	1	2	4	6	4	1
3	4	1	2	1	2	3	2	9
7	2	5	3	7	1	2	8	1

3	4	3	7	3	7	3	2	5	3
6	3	4	3	3	3	4	5	2	5
4	2	3	3	5	5	2	3	3	3
2	5	2	2	3	2	3	3	4	2
4	3	3	8	3	3	2	2	4	2
3	3	4	2	5	2	5	3	3	4
4	6	3	3	5	2	3	7	3	3
6	2	4	2	4	2	2	3	4	3
2	4	3	3	2	8	2	2	6	4
2	7	3	5	3	2	6	4	2	2

答案

第2页

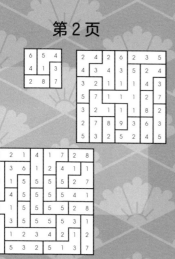

第3页

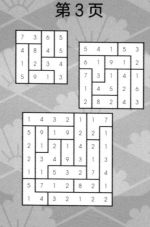

第4页

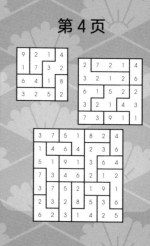

第5页

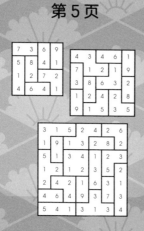

第6页

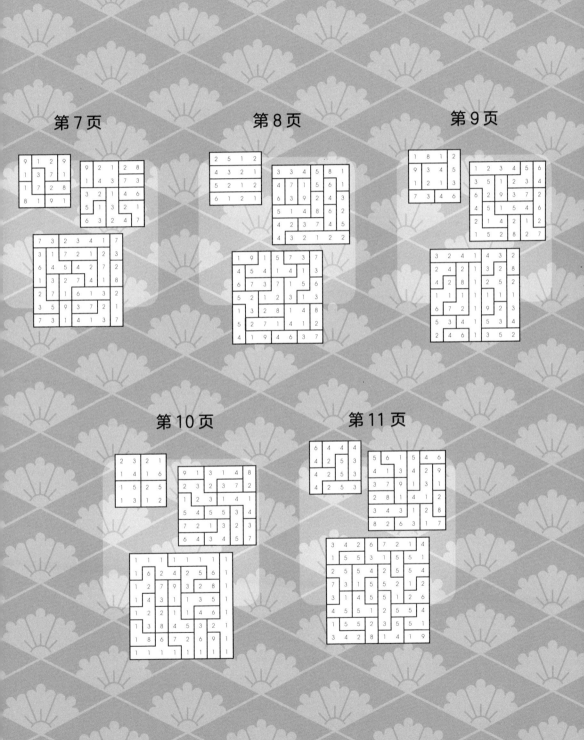

第 12 页

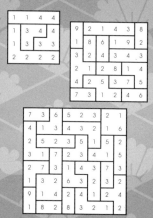

第 13 页

第 14 页

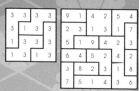

第 15 页

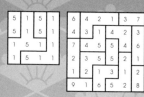

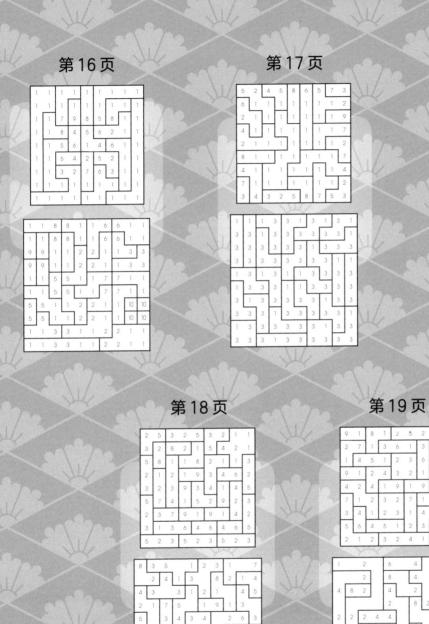

第20页

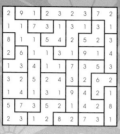

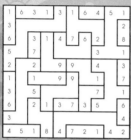

第21页

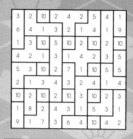

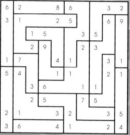

第22页

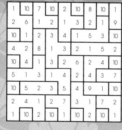

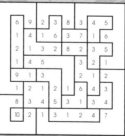

第23页

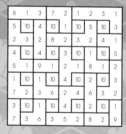

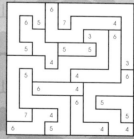

第24页

第25页

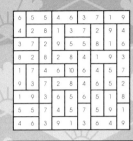

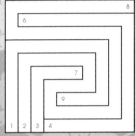

第26页

第27页

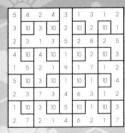